# Guida alla Coltivazione dell'Aster

## Impara cosa fare bene per coltivare incantevoli Aster

A. Duller

Lisa Shardon

# Guida alla Coltivazione dell'Aster

## Introduzione

L'aster è una delle piante ornamentali più amate e riconoscibili grazie ai suoi fiori dai colori vivaci, che spiccano nei giardini autunnali e tardo-estivi. Noto per le sue forme eleganti e la vasta gamma di colori, l'aster ha catturato l'attenzione degli appassionati di giardinaggio di tutto il mondo, diventando simbolo di amore e pazienza. Inoltre, i suoi fiori, simili a piccole margherite, aggiungono un tocco di vivacità a prati e giardini durante le stagioni più fresche, quando la maggior parte delle altre piante inizia a perdere il proprio splendore. Questa introduzione all'aster esplora la sua storia affascinante e le origini, per poi approfondire le principali varietà di questa pianta straordinaria: *Aster novae-angliae*, *Aster amellus* e *Aster cordifolius*. Ciascuna di queste specie presenta caratteristiche uniche che le rendono preziose tanto per i paesaggi naturali quanto per la coltivazione ornamentale.

### Storia e Origini dell'Aster

Il termine "aster" deriva dal greco "ἀστήρ" (astēr), che significa "stella". Questo nome si deve alla forma caratteristica del fiore, che ricorda proprio una stella con una corona di petali attorno a un centro luminoso. La storia dell'aster è antica, e il suo simbolismo si riflette in numerose culture. Nell'antica Grecia, i fiori di aster erano considerati sacri e venivano utilizzati come simbolo di amore e pazienza. Anche nelle culture celtiche e romane, l'aster era apprezzato per il suo significato simbolico e per le sue qualità decorative.

Originariamente, gli aster erano diffusi in Europa e in Asia, ma le varie specie si sono progressivamente diffuse anche in Nord America, dove alcune varietà sono diventate endemiche. Gli studiosi di botanica hanno documentato un'incredibile varietà di specie e sottospecie, e nel corso del tempo, molte delle specie originarie di aster sono state riclassificate in generi differenti a causa delle differenze genetiche.

Il genere *Aster*, appartenente alla famiglia delle Asteraceae, comprendeva una volta centinaia di specie diverse, ma oggi il termine si riferisce principalmente alle specie europee e asiatiche, mentre molte delle specie nordamericane sono state riclassificate in generi correlati, come *Symphyotrichum*. Nonostante questa ridefinizione, il termine "aster" viene comunemente usato per descrivere un'ampia gamma di piante con caratteristiche simili, molte delle quali appartengono comunque alla grande famiglia delle Asteraceae.

Questa pianta è nota anche per la sua capacità di crescere in diverse condizioni climatiche e di adattarsi a vari tipi di terreno, caratteristica che ha contribuito alla sua ampia diffusione in tutto il mondo. Inoltre, l'aster è molto apprezzato dagli impollinatori, come api e farfalle, che sono attratti dai suoi colori vivaci e dal suo nettare. Grazie alla sua resistenza e alla bellezza delle sue fioriture, l'aster ha trovato un posto stabile nei giardini, nelle aiuole e nei prati di molte regioni.

# Capitolo 1: Varietà di Aster

Esistono diverse varietà di aster, ognuna con caratteristiche uniche che la rendono adatta a specifiche condizioni climatiche e paesaggistiche. Le varietà più popolari di aster includono *Aster novae-angliae*, *Aster amellus* e *Aster cordifolius*. In questo capitolo, esploreremo le peculiarità di ciascuna di queste specie, analizzando i loro tratti distintivi, la distribuzione geografica e le condizioni di crescita ideali.

### Aster novae-angliae

#### Descrizione Generale

L'*Aster novae-angliae*, noto anche come "aster di New England", è una delle specie di aster più conosciute e coltivate in Nord America. Questo aster è facilmente riconoscibile per la sua altezza imponente, che può raggiungere fino a 150-200 centimetri, e per i suoi fiori dai colori intensi, che variano dal viola al rosa acceso. Il centro dei fiori è di solito giallo brillante, creando un contrasto spettacolare con i petali.

#### Caratteristiche di Crescita

L'*Aster novae-angliae* è una pianta perenne resistente, che fiorisce tardi nella stagione, generalmente tra la fine dell'estate e l'autunno, prolungando così il periodo di interesse ornamentale nei giardini. Questo aster predilige un'esposizione piena al sole, anche se può tollerare alcune ore di ombra parziale. È adatto a una vasta gamma di terreni, ma preferisce quelli ben drenati e ricchi di sostanza organica. La pianta tende a sviluppare un sistema radicale robusto e una struttura a ciuffo che le conferisce stabilità, anche quando esposta a condizioni meteorologiche variabili.

#### Benefici Ecologici

L'*Aster novae-angliae* è una risorsa importante per la fauna locale, in particolare per le api e le farfalle, che visitano frequentemente i suoi fiori in cerca di nettare.

Inoltre, essendo una delle ultime piante a fiorire in autunno, fornisce una preziosa fonte di cibo per gli impollinatori prima dell'arrivo dell'inverno. Per questa ragione, l'aster di New England è spesso utilizzato in giardini naturali e nei progetti di ripristino ecologico, poiché aiuta a sostenere la biodiversità locale.

#### Cura e Manutenzione

L'*Aster novae-angliae* è una pianta facile da coltivare, anche per i giardinieri meno esperti. Richiede poche cure una volta stabilizzata, sebbene possa beneficiare di una potatura leggera all'inizio dell'estate per incoraggiare una crescita più compatta e uniforme. In inverno, è possibile tagliare i fusti secchi per preparare la pianta alla crescita primaverile.

### Aster amellus

#### Descrizione Generale

L'*Aster amellus*, noto anche come "aster italiano" o "aster di Michaelmas", è una specie originaria dell'Europa, dove è stata ampiamente coltivata sia per scopi ornamentali che medicinali. A differenza dell'*Aster novae-angliae*, l'*Aster amellus* è di dimensioni più contenute, con un'altezza media che varia tra i 30 e i 60 centimetri. I suoi fiori sono generalmente di colore blu-violetto, con un centro dorato che crea un piacevole contrasto.

#### Caratteristiche di Crescita

L'*Aster amellus* è una pianta perenne rustica che preferisce posizioni soleggiate e terreni ben drenati, ma è meno tollerante dell'ombra rispetto ad altre specie di aster. Questa pianta fiorisce alla fine dell'estate e può continuare a produrre fiori fino all'inizio dell'autunno. È una scelta eccellente per giardini rocciosi o bordure miste, dove la sua forma compatta e la sua fioritura prolungata possono creare effetti decorativi di grande impatto.

#### Benefici Ecologici

Come molte altre specie di aster, l'*Aster amellus* è un'importante fonte di nettare per le api e le farfalle, che lo visitano assiduamente durante il periodo di fioritura. Essendo nativo dell'Europa, è anche ben adattato a sostenere una varietà di insetti locali, contribuendo alla conservazione della biodiversità.

#### Cura e Manutenzione

L'*Aster amellus* è una pianta resistente che richiede poche cure una volta stabilizzata nel terreno. È possibile potarla leggermente all'inizio dell'estate per favorire una crescita più compatta. Inoltre, può essere utile fornire alla pianta una pacciamatura leggera durante l'inverno per proteggere le radici dal gelo, soprattutto in aree con inverni rigidi.

### Aster cordifolius

#### Descrizione Generale

L'*Aster cordifolius*, conosciuto anche come "aster dal fogliame a cuore" o "aster blu del bosco", è una specie originaria del Nord

America, caratterizzata dalle sue foglie a forma di cuore, da cui prende il nome. Questa pianta ha una crescita bassa e tende a diffondersi orizzontalmente, raggiungendo un'altezza di circa 60-90 centimetri. I suoi fiori sono di solito piccoli e di colore blu chiaro o bianco, con un centro giallo.

#### Caratteristiche di Crescita

L'*Aster cordifolius* è una pianta molto versatile e adattabile, che può crescere sia in pieno sole che in ombra parziale. È particolarmente adatto a terreni ricchi di humus e ben drenati, ma può tollerare anche condizioni di umidità moderata.

La fioritura avviene generalmente a fine estate e prosegue fino all'autunno inoltrato, aggiungendo un tocco di colore ai giardini boscosi e alle aree ombrose.

#### Benefici Ecologici

Essendo una pianta nativa del Nord America, l'*Aster cordifolius* svolge un ruolo ecologico significativo, attirando api, farfalle e altri impollinatori durante il periodo di fioritura. Inoltre, i suoi semi sono spesso consumati dagli uccelli durante l'autunno, rendendo questa specie un'importante risorsa alimentare per la fauna locale.

#### Cura e Manutenzione

L'*Aster cordifolius* richiede poche cure una volta stabilizzato. Tuttavia, può essere utile potarlo leggermente in primavera per favorire una crescita più compatta. Essendo una pianta di facile adattamento, non richiede particolari interventi, e la sua resistenza alle malattie lo rende una scelta ideale per giardinieri che desiderano una pianta ornamentale a bassa manutenzione.

Le diverse varietà di aster offrono una straordinaria gamma di forme, colori e caratteristiche di crescita, rendendole piante adatte a ogni tipo di giardino e a tutte le condizioni climatiche. Le specie trattate – *Aster novae-angliae*, *Aster amellus* e

*Aster cordifolius* – rappresentano solo una piccola parte della vasta diversità di questo genere, ma ciascuna di esse mostra peculiarità che possono soddisfare anche i giardinieri più esigenti.

## Capitolo 2: Scelta del Terreno per la Coltivazione dell'Aster

La scelta del terreno e delle condizioni di esposizione gioca un ruolo fondamentale nella crescita e nella fioritura dell'aster. Per ottenere risultati ottimali e una fioritura rigogliosa, è importante comprendere le caratteristiche specifiche del suolo ideale e del posizionamento che questa pianta richiede. In questo capitolo, analizzeremo con dettaglio gli aspetti principali da considerare, tra cui le caratteristiche del suolo, il pH ideale e l'esposizione più adatta per garantire un ambiente favorevole alla crescita degli aster.

### Caratteristiche del Suolo

La struttura del suolo è un elemento chiave per la crescita ottimale degli aster. Queste piante preferiscono un terreno che offra una buona capacità di ritenzione dell'acqua, ma che al tempo stesso sia ben drenato per evitare ristagni, i quali possono portare a malattie radicali. È importante, quindi, che il suolo presenti una struttura friabile, che permetta alle radici di respirare e di espandersi liberamente, assicurando al contempo una corretta ossigenazione.

Per ottenere questa struttura, è possibile migliorare il terreno esistente con l'aggiunta di sostanza organica come compost, letame ben maturo o terriccio di foglie, i quali migliorano la struttura e aumentano la capacità del suolo di trattenere l'umidità, arricchendolo anche di nutrienti. Per suoli argillosi, che tendono a essere più compatti e a trattenere troppa umidità, è consigliabile integrare anche della sabbia o della ghiaia fine, per migliorare il drenaggio e facilitare lo sviluppo radicale.

#### Tessitura del Suolo

La tessitura del suolo è legata alla composizione granulometrica e si riferisce alla quantità di sabbia, limo e argilla presente. Gli aster tendono a preferire un terreno con una texture media, che contenga una combinazione bilanciata di queste componenti. Un suolo troppo sabbioso potrebbe non trattenere sufficientemente l'acqua e i nutrienti necessari per la pianta, mentre uno troppo argilloso potrebbe impedire il corretto drenaggio. Idealmente, un suolo limoso-sabbioso rappresenta una scelta eccellente per la coltivazione dell'aster, poiché offre un buon compromesso tra ritenzione idrica e drenaggio.

#### Drenaggio del Suolo

Gli aster sono piante che possono soffrire notevolmente a causa del ristagno d'acqua. Il drenaggio è quindi un aspetto fondamentale nella scelta del terreno, soprattutto in aree caratterizzate da piogge frequenti o in regioni dove il terreno tende a trattenere umidità. In caso di suolo poco drenante, è consigliabile migliorare il drenaggio scavando delle trincee attorno all'area di coltivazione e riempiendole con materiali come ghiaia o pietrisco. Anche la realizzazione di aiuole rialzate può essere una soluzione pratica ed efficace per evitare ristagni eccessivi.

#### Nutrienti Essenziali

Per quanto riguarda i nutrienti, gli aster non sono particolarmente esigenti ma traggono vantaggio da un suolo ricco di materia organica. Un apporto regolare di compost o di concime organico è utile per mantenere il terreno fertile e ben bilanciato in termini di elementi nutritivi. In particolare, i nutrienti principali di cui gli aster hanno bisogno sono azoto, fosforo e potassio. L'azoto favorisce la crescita delle foglie e dei fusti, il fosforo supporta lo sviluppo radicale e la produzione di fiori, mentre il potassio migliora la resistenza della pianta alle malattie e alle condizioni climatiche avverse.

### pH Ideale

#### Importanza del pH

Il pH del suolo è un altro aspetto fondamentale da considerare nella scelta del terreno per la coltivazione dell'aster. Il pH influisce sulla disponibilità dei nutrienti e sulla capacità delle radici di assorbire gli elementi nutritivi necessari per la crescita. Per gli aster, il pH ottimale si colloca generalmente tra 5,5 e 7,5, cioè in un intervallo che va dal leggermente acido al neutro. Questa fascia di pH garantisce che i nutrienti siano disponibili per la pianta senza causare situazioni di carenza o tossicità.

#### Verifica del pH

Prima di piantare gli aster, è consigliabile eseguire un test del pH del suolo. Questo può essere fatto mediante un kit di test acquistabile nei negozi di giardinaggio o attraverso un'analisi di laboratorio per una valutazione più dettagliata. Conoscere il pH del suolo consente di fare eventuali aggiustamenti, come l'applicazione di correttivi, per assicurare le condizioni ottimali alla crescita della pianta.

#### Correzione del pH del Suolo

Se il pH del suolo non rientra nell'intervallo ideale per gli aster, esistono diverse strategie per modificarlo.

- **In caso di pH troppo basso (suolo acido):** Si può aggiungere calce dolomitica o cenere di legno, sostanze che aiutano a neutralizzare l'acidità e a portare il pH verso livelli neutri.

- **In caso di pH troppo alto (suolo alcalino):** È possibile correggere con l'uso di zolfo elementare o con l'aggiunta di compost di aghi di pino o torba acida, che aiuta ad abbassare il pH del terreno.

È importante applicare i correttivi in modo graduale, poiché un cambiamento improvviso nel pH può avere effetti negativi sulla microflora del suolo e sulle piante circostanti. In generale, è consigliabile aspettare almeno qualche settimana prima di piantare gli aster, per consentire al pH di stabilizzarsi dopo l'applicazione del correttivo.

### Posizionamento e Esposizione

La posizione e l'esposizione degli aster nel giardino o nell'aiuola influiscono significativamente sulla loro crescita e sul loro sviluppo. Il posizionamento adeguato garantisce che le piante ricevano la giusta quantità di luce solare e siano protette dai venti forti o da altre condizioni climatiche avverse.

#### Esposizione alla Luce

Gli aster prediligono una posizione in pieno sole per la maggior parte della giornata. Una buona esposizione alla luce solare diretta è cruciale, poiché stimola una fioritura abbondante e favorisce il colore intenso dei fiori. Le varietà di aster possono comunque tollerare anche un po' di ombra parziale, specialmente nelle ore più calde del giorno, ma una mancanza di luce solare prolungata può ridurre la qualità e la quantità della fioritura.

#### Orientamento e Riparo dai Venti

In regioni ventose, è consigliabile piantare gli aster in aree protette, come vicino a recinzioni, muri o altre barriere naturali che possano offrire riparo. Gli aster tendono a sviluppare fusti piuttosto alti e possono essere suscettibili ai danni causati dal vento, che rischia di piegarli o spezzarli. Anche una disposizione in gruppi di piante può contribuire a fornire un certo livello di protezione, poiché le piante si sostengono a

vicenda, riducendo l'esposizione diretta ai
venti forti.

#### Distanza di Piantagione

Un fattore spesso trascurato è la distanza di
piantagione. Gli aster hanno bisogno di spazio
sufficiente per espandersi senza competere
eccessivamente con altre piante per la luce,
l'acqua e i nutrienti. Una distanza di circa 30-
45 cm tra le piante è generalmente adeguata
per la maggior parte delle varietà. Questa
distanza aiuta anche a prevenire la diffusione
di malattie fungine, poiché un buon flusso
d'aria attorno alle piante contribuisce a
mantenere l'umidità sotto controllo.

### Adattamento alle Condizioni Climatiche

#### Resistenza al Freddo e al Caldo

Gli aster sono piante perenni resistenti, capaci
di sopportare inverni rigidi e stagioni calde.
Tuttavia, il loro comportamento cambia a

seconda della varietà e della regione in cui vengono coltivati. In zone particolarmente fredde, è possibile proteggere le radici degli aster con una pacciamatura di paglia o foglie secche durante i mesi invernali. Durante l'estate, soprattutto in regioni con climi molto caldi, gli aster possono beneficiare di una pacciamatura che aiuti a mantenere il suolo fresco e a ridurre l'evaporazione dell'acqua.

#### Impianto in Aiuole Rialzate

In caso di terreni difficili, come quelli molto argillosi o estremamente drenanti, si può considerare la coltivazione degli aster in aiuole rialzate. Questa soluzione permette di avere un controllo maggiore sulle caratteristiche del suolo e

sul drenaggio, oltre a facilitare il lavoro di cura e manutenzione.

La scelta del terreno per la coltivazione degli

aster richiede attenzione a diversi fattori, tra cui la struttura e la texture del suolo, il pH e la qualità del drenaggio, così come l'esposizione alla luce e il posizionamento rispetto ai venti e alle condizioni climatiche locali. Ogni fase di preparazione del terreno e di cura delle condizioni di esposizione è volta a garantire che gli aster possano crescere rigogliosi e offrire la loro splendida fioritura.

Seguendo queste linee guida, è possibile creare un ambiente ideale per la crescita di queste piante meravigliose, consentendo loro di prosperare per molti anni, con fioriture abbondanti e durature.

## Capitolo 3: Tecniche di Semina per gli Aster

La coltivazione degli aster offre diverse modalità di semina, ciascuna con caratteristiche e vantaggi specifici. Questo capitolo esplora in dettaglio le tecniche di semina diretta e di trapianto di giovani piantine, spiegando quando e come scegliere la tecnica più adatta per garantire una crescita sana e vigorosa delle piante. Sia la semina diretta sia il trapianto richiedono attenzione e conoscenza delle condizioni ottimali per consentire agli aster di stabilizzarsi e prosperare.

### Semina Diretta

La semina diretta è una tecnica semplice ed efficace per coltivare aster direttamente nel terreno del giardino. Questa tecnica è ideale per chi desidera evitare i processi di preparazione delle piantine in contenitori o serre, sfruttando il clima naturale per far germogliare i semi. La semina diretta è particolarmente utile in regioni con un clima temperato e primavere miti, poiché queste condizioni permettono ai semi di germinare e svilupparsi senza l'ausilio di strutture protettive.

#### Preparazione del Terreno per la Semina Diretta

La preparazione del terreno è un passo fondamentale per garantire la germinazione dei semi. La prima operazione consiste nella pulizia dell'area da erbacce e detriti. È importante che il terreno sia privo di ostacoli, poiché le erbacce competono con i semi degli aster per luce, acqua e nutrienti.

1. **Scelta dell'area:** Scegliere una posizione ben esposta alla luce solare, poiché la maggior parte delle varietà di aster prospera in pieno sole o con un'ombra parziale.

2. **Aratura e rimozione delle erbacce:**
Preparare il terreno rimuovendo erbacce e
zappando fino a una profondità di circa 15-20
cm per sciogliere la terra e consentire una
buona aerazione.

3. **Concimazione del terreno:** Aggiungere
uno strato di compost o di letame ben maturo
e mescolarlo con il terreno. Questo processo
arricchisce il suolo di nutrienti essenziali,
facilitando una buona crescita delle piante.

4. **Livellamento e rastrellatura:** Livellare
il terreno con un rastrello per evitare che si
formino pozzanghere, che potrebbero
ostacolare la germinazione o portare al
marciume dei semi.

#### Periodo Ideale per la Semina Diretta

La semina diretta degli aster è preferibilmente
effettuata in primavera, quando le temperature
iniziano a stabilizzarsi e il rischio di gelate

notturne è ridotto. Il periodo ideale varia a seconda delle condizioni climatiche locali, ma in generale, si consiglia di seminare quando le temperature notturne non scendono sotto i 10°C e quelle diurne si attestano tra i 15°C e i 20°C.

#### Tecnica di Semina Diretta

1. **Distanza tra i semi:** I semi degli aster devono essere piantati a una distanza di circa 20-30 cm l'uno dall'altro, per consentire alle piante di svilupparsi senza sovraffollarsi. In genere, è consigliabile seminare più semi in ogni buchetta per assicurarsi che almeno uno germogli, e diradare le piantine una volta che sono spuntate.

2. **Profondità di semina:** I semi devono essere piantati a una profondità di circa 1-2 cm. Coprire i semi con un sottile strato di terra e pressare leggermente per garantire il contatto tra il seme e il terreno.

3. **Innaffiatura:** Dopo aver piantato i semi, innaffiare delicatamente con un annaffiatoio a spruzzo fine per evitare di spostare i semi o di creare pozzanghere. È essenziale mantenere il terreno costantemente umido durante il periodo di germinazione, ma evitare ristagni d'acqua, che potrebbero portare al marciume dei semi.

#### Cura delle Piantine dopo la Germinazione

Dopo circa 10-14 giorni dalla semina, i primi germogli iniziano a comparire. A questo punto, è importante diradare le piantine, eliminando quelle più deboli per lasciare spazio a quelle più robuste. Il diradamento favorisce la crescita delle radici e garantisce una migliore circolazione dell'aria, riducendo il rischio di malattie fungine.

1. **Fertilizzazione:** Una volta che le piantine hanno raggiunto i 10-15 cm di altezza, è possibile aggiungere un fertilizzante

bilanciato. Si può optare per un concime liquido, applicandolo ogni 2-3 settimane, per stimolare una crescita rigogliosa e rafforzare le radici.

2. **Controllo delle erbacce:** Mantenere il terreno pulito dalle erbacce, che possono compromettere la crescita degli aster, privandoli di nutrienti e spazio vitale.

3. **Irrigazione:** Continuare a innaffiare le piantine in modo regolare, soprattutto in caso di siccità. Durante il periodo estivo, può essere utile pacciamare il terreno per ridurre l'evaporazione dell'acqua e mantenere l'umidità del suolo costante.

### Trapianto di Giovani Piantine

Il trapianto di giovani piantine è una tecnica alternativa alla semina diretta, particolarmente utile per chi vive in regioni con climi più rigidi o per chi desidera avere un controllo maggiore sul processo di germinazione. Questa tecnica consente di iniziare la coltivazione degli aster in contenitori o serre, dove le piantine possono crescere in un ambiente protetto fino a quando non sono abbastanza robuste per essere trapiantate all'aperto.

#### Preparazione delle Piantine in Contenitore

La preparazione delle piantine in contenitore richiede attenzione alla scelta del substrato, delle condizioni ambientali e delle tecniche di irrigazione. Seguire questi passaggi permette di ottenere piantine sane e pronte per il trapianto.

1. **Scegliere i contenitori:** Si possono utilizzare vasetti individuali o vaschette di

semina. I contenitori devono avere fori di drenaggio per evitare ristagni d'acqua e favorire una corretta aerazione delle radici.

2. **Substrato di semina:** Riempire i contenitori con un substrato leggero, poroso e ben drenato. Un misto di torba e sabbia o perlite è ideale per garantire una buona ritenzione dell'umidità e favorire la germinazione dei semi.

3. **Distribuzione dei semi:** Posizionare i semi nel substrato a una profondità di circa 1-2 cm e coprirli con uno strato sottile di terriccio. È possibile seminare più semi per ogni contenitore e successivamente diradare le piantine.

4. **Irrigazione:** Inumidire il substrato utilizzando uno spruzzatore per garantire un'umidità uniforme senza inzuppare eccessivamente il terreno.

5. **Condizioni di crescita:** Posizionare i contenitori in un luogo luminoso, ma protetto dalla luce diretta del sole. Una temperatura ambiente di circa 20°C favorisce la germinazione, che di solito avviene entro 10-14 giorni.

#### Cura delle Piantine fino al Trapianto

Le piantine devono essere curate attentamente fino al momento del trapianto. Durante questo periodo, le giovani piante sviluppano un apparato radicale più solido e sono pronte ad affrontare il trapianto in giardino.

1. **Luce:** Una volta che le piantine sono germogliate, posizionarle in un luogo ben illuminato per favorire la fotosintesi. Se coltivate in casa, può essere utile spostarle vicino a una finestra soleggiata o utilizzare luci per la crescita delle piante.

2. **Fertilizzazione:** A circa 3 settimane

dalla germinazione, si può iniziare a somministrare un fertilizzante liquido diluito per favorire lo sviluppo delle radici e delle foglie.

3. **Diradamento:** Se più piantine sono germogliate in uno stesso contenitore, procedere al diradamento per mantenere solo le piantine più forti.

4. **Irrigazione:** Continuare a innaffiare le piantine moderatamente, mantenendo il substrato umido ma non bagnato.

5. **Indurimento:** Prima di trapiantare le piantine all'esterno, è fondamentale sottoporle a un periodo di "indurimento". Questo processo consiste nell'esporre gradualmente le piantine alle condizioni esterne, iniziando con poche ore al giorno in un luogo riparato e aumentando progressivamente l'esposizione alla luce e al vento. Questo passaggio dura generalmente una settimana e riduce lo stress da trapianto.

#### Trapianto in Giardino

Il trapianto delle piantine in giardino può essere effettuato una volta che le temperature si sono stabilizzate e il rischio di gelate tardive è passato.

Seguire questi passaggi garantisce un trapianto efficace e senza stress per le piante.

1. **Preparare il terreno:** Prima del trapianto, lavorare il terreno come descritto per la semina diretta, assicurandosi che sia ben drenato e ricco di materia organica.

2. **Distanza di trapianto:** Mantenere una distanza di circa 30 cm tra le piantine per consentire un buon sviluppo delle radici e una crescita sana.

3. **Trapiantare con cura:** Estrarre le piantine dai contenitori facendo attenzione a

non danneggiare le radici. Collocare le piantine nelle buche precedentemente scavate e coprire le radici con il terreno, pressando leggermente attorno alla base della pianta.

4. **Innaffiatura:** Dopo il trapianto, innaffiare abbondantemente per assicurare che le radici si stabiliscano nel nuovo ambiente.

5. **Pacciamatura:** Applicare uno strato di pacciamatura intorno alle piante per mantenere l'umidità e prevenire la crescita di erbacce.

Le tecniche di semina diretta e di trapianto di giovani piantine sono entrambe valide per coltivare gli aster. La scelta della tecnica dipende dalle condizioni climatiche, dallo spazio e dalle preferenze del giardiniere. La semina diretta è indicata per climi miti e condizioni favorevoli, mentre il trapianto garantisce un maggiore controllo e una maggiore resistenza per le piantine in regioni con climi più variabili.

## Capitolo 4: Cure Colturali per la Coltivazione degli Aster

Gli aster, conosciuti per la loro bellezza e il loro portamento ornamentale, richiedono cure specifiche per prosperare in giardino e regalare fioriture abbondanti. In questo capitolo, esploreremo con dettagli e suggerimenti pratici le cure colturali necessarie per la loro crescita, suddividendo il tutto in tre categorie principali: irrigazione, concimazione e potatura. Una corretta gestione di questi tre elementi garantisce il benessere della pianta e una fioritura duratura e vigorosa.

### Irrigazione

L'irrigazione è uno degli aspetti più importanti per la crescita e la salute degli aster. Queste piante necessitano di una quantità d'acqua equilibrata per mantenere il terreno costantemente umido ma mai eccessivamente bagnato. Un'irrigazione errata può causare vari problemi, tra cui la proliferazione di malattie fungine o il marciume radicale. Vediamo nel dettaglio come e quando innaffiare gli aster.

#### Frequenza dell'Irrigazione

La frequenza delle irrigazioni varia in base alle stagioni e alle condizioni climatiche locali. In generale, gli aster richiedono un terreno umido durante la fase di crescita e fioritura, ma non sopportano ristagni d'acqua.

1. **Primavera e Estate:** Durante la primavera e l'estate, è consigliabile innaffiare gli aster una o due volte alla settimana, a seconda delle temperature e della quantità di pioggia. Se il clima è particolarmente caldo o secco, potrebbe essere necessario innaffiare con maggiore frequenza, assicurandosi sempre che il terreno rimanga umido senza essere eccessivamente bagnato.

2. **Autunno:** Con l'arrivo dell'autunno, periodo in cui molti aster fioriscono, è importante continuare a innaffiare con regolarità, soprattutto se il clima è asciutto. Tuttavia, bisogna sempre evitare di lasciare il terreno troppo bagnato, poiché un'umidità eccessiva può favorire la comparsa di malattie fungine.

3. **Inverno:** In inverno, gli aster entrano in una fase di riposo vegetativo e richiedono meno acqua. In questa stagione, si consiglia di ridurre le irrigazioni, soprattutto nelle regioni con precipitazioni naturali. In assenza di piogge, una leggera innaffiatura mensile è sufficiente per mantenere un livello di umidità adeguato nel terreno.

#### Tecniche di Irrigazione

Oltre alla frequenza, è importante scegliere la tecnica di irrigazione più adatta per garantire che l'acqua raggiunga le radici senza danneggiare le piante o il terreno.

1. **Irrigazione a pioggia:** L'irrigazione a pioggia è una tecnica efficace per distribuire l'acqua in modo uniforme. Tuttavia, bisogna prestare attenzione a non bagnare eccessivamente le foglie, poiché l'umidità residua sulle foglie può favorire l'insorgenza di malattie fungine. Un'irrigazione lenta e uniforme permette al terreno di assorbire l'acqua gradualmente.

2. **Irrigazione a goccia:** L'irrigazione a goccia è ideale per gli aster, poiché consente di distribuire l'acqua direttamente alle radici, evitando di bagnare le foglie. Questo metodo riduce anche lo spreco d'acqua e minimizza il rischio di marciume radicale, garantendo una fornitura idrica costante e precisa.

3. **Annaffiatura manuale:** Per piccole aiuole o singole piante, l'annaffiatura manuale con un annaffiatoio è una buona opzione. È consigliabile utilizzare un annaffiatoio a spruzzo fine, che permette di regolare la quantità di acqua e di evitare il rischio di

danni alle radici o alle foglie.

#### Controllo dell'Umidità del Suolo

Per verificare se gli aster hanno bisogno di acqua, è utile monitorare il livello di umidità del terreno. Questo può essere fatto inserendo un dito nel terreno fino a circa 3-5 cm di profondità: se il terreno è asciutto a questa profondità, significa che è il momento di irrigare. Un altro strumento utile è l'igrometro, che permette di misurare con precisione l'umidità del suolo e di irrigare solo quando necessario.

### Concimazione

La concimazione è un aspetto cruciale nella cura degli aster. Un apporto adeguato di nutrienti favorisce una crescita sana, un fogliame rigoglioso e una fioritura abbondante. La scelta del tipo di concime e la frequenza di applicazione variano a seconda della stagione e delle esigenze specifiche della pianta.

#### Principali Nutrienti Necessari

Gli aster beneficiano di un terreno ricco di materia organica e ben equilibrato in termini di nutrienti. I principali elementi nutritivi necessari per la crescita degli aster sono:

1. **Azoto (N):** L'azoto stimola la crescita delle foglie e dei fusti, contribuendo a rendere la pianta robusta e vigorosa. Un eccesso di azoto, tuttavia, può causare una crescita eccessiva delle foglie a scapito della fioritura.

2. **Fosforo (P):** Il fosforo è essenziale per la produzione dei fiori e il rafforzamento dell'apparato radicale. Una carenza di fosforo può ridurre la quantità e la qualità della fioritura.

3. **Potassio (K):** Il potassio migliora la resistenza della pianta alle malattie, aumenta la tolleranza al freddo e favorisce lo sviluppo generale della pianta. Un buon livello di potassio contribuisce anche a migliorare la colorazione dei fiori.

#### Tipi di Concimi

Esistono vari tipi di concimi che possono essere utilizzati per nutrire gli aster. La scelta del concime dipende dalle esigenze specifiche della pianta e dal periodo dell'anno.

1. **Concime organico:** I concimi organici, come il compost, il letame ben maturo e il terriccio di foglie, sono ideali per arricchire il suolo in modo naturale e graduale. Il compost è particolarmente utile in quanto fornisce un apporto bilanciato di nutrienti e migliora la struttura del terreno.

2. **Concime granulare a lento rilascio:** I

concimi granulari a lento rilascio sono una buona opzione per fornire nutrienti in modo costante durante tutta la stagione. Sono particolarmente indicati all'inizio della primavera, poiché permettono di evitare eccessi di concime e di mantenere un apporto costante di nutrienti.

3. **Concime liquido:** I concimi liquidi sono efficaci per un'azione rapida e possono essere applicati durante il periodo di crescita attiva. È possibile somministrare un concime liquido diluito ogni 2-3 settimane per stimolare la fioritura e la crescita delle foglie.

#### Frequenza di Concimazione

La frequenza di concimazione varia in base alla stagione e alle fasi di crescita della pianta:

1. **Inizio primavera:** Applicare un concime organico, come compost o letame maturo, per arricchire il terreno e prepararlo

alla nuova stagione di crescita. È possibile combinare anche un concime granulare a lento rilascio.

2. **Periodo di crescita attiva (primavera-estate):** Durante il periodo di crescita attiva, si consiglia di somministrare un concime liquido bilanciato ogni 2-3 settimane. Questo favorisce una fioritura abbondante e una crescita sana delle foglie e dei fusti.

3. **Fine estate e autunno:** In questo periodo, è possibile ridurre la concimazione per favorire il riposo vegetativo della pianta. È sufficiente applicare una piccola quantità di concime organico leggero per mantenere la salute del terreno.

### Potatura

La potatura è una pratica essenziale per mantenere la forma, la salute e la produttività degli aster. Una corretta potatura favorisce la crescita dei nuovi germogli, riduce il rischio di malattie e permette alla pianta di concentrare le energie nella produzione di fiori. Esistono diversi tipi di potatura per gli aster, ognuno dei quali ha uno scopo specifico e richiede tecniche differenti.

#### Tipi di Potatura

1. **Potatura di mantenimento:** La potatura di mantenimento è una pratica che si effettua durante tutta la stagione per rimuovere fiori appassiti, foglie secche e rami danneggiati. Questa potatura contribuisce a mantenere la pianta ordinata e sana, favorendo una fioritura continua e rigogliosa.

2. **Potatura per stimolare la fioritura:** Questo tipo di potatura si effettua generalmente in primavera e consiste nel ridurre la lunghezza dei rami principali di circa un terzo. Questa tecnica stimola la crescita di nuovi germogli e aumenta il numero di fiori prodotti dalla pianta.

## Capitolo 5: Controllo e Prevenzione delle Malattie negli Aster

La coltivazione degli aster richiede attenzione per prevenire e controllare le malattie che possono colpire queste piante, compromettendo la loro salute e bellezza. Le malattie, i parassiti e i fattori ambientali possono causare danni a foglie, fiori e radici, riducendo la fioritura e, in alcuni casi, persino uccidendo la pianta. In questo capitolo, esploreremo in dettaglio le malattie comuni degli aster, i rimedi naturali per affrontarle, i principali parassiti che possono attaccare la pianta e come proteggere efficacemente gli aster per garantire una fioritura rigogliosa e duratura. Infine, vedremo come raccogliere e utilizzare le infiorescenze per creare bouquet e composizioni floreali.

### Malattie Comuni

Le malattie più comuni che colpiscono gli

aster sono di natura fungina e batterica. Gli aster sono soggetti a problemi come l'oidio, il marciume radicale e le macchie fogliari. Ogni malattia ha sintomi specifici che è importante riconoscere per intervenire tempestivamente.

#### Oidio

L'oidio è una malattia fungina molto comune negli aster, causata dal fungo *Erysiphe cichoracearum*. Si manifesta con una patina bianca e polverosa che copre le foglie e i fusti, ostacolando la fotosintesi e indebolendo la pianta.

- **Sintomi:** La presenza di una polvere biancastra sulle foglie, che successivamente ingialliscono e cadono.

- **Condizioni favorevoli:** L'oidio si sviluppa in ambienti umidi e con scarsa ventilazione, specialmente in presenza di temperature calde.

- **Prevenzione:** Assicurarsi che le piante

siano ben distanziate per permettere una buona circolazione dell'aria e evitare l'umidità stagnante.

#### Marciume Radicale

Il marciume radicale è una malattia causata da funghi come *Phytophthora* e *Pythium*. Questa malattia attacca le radici, impedendo loro di assorbire nutrienti e acqua, portando a un rapido deperimento della pianta.

- **Sintomi:** Appassimento della pianta, ingiallimento delle foglie, radici molli e scure.

- **Condizioni favorevoli:** Terreno costantemente bagnato e mal drenato.

- **Prevenzione:** Usare terreni ben drenanti e non eccedere con l'irrigazione.

#### Macchie Fogliari

Le macchie fogliari sono causate da funghi come *Alternaria* e *Septoria*, che producono piccole macchie scure sulle foglie, talvolta circondate da un alone giallastro.

- **Sintomi:** Macchie scure e irregolari sulle foglie, che con il tempo possono ingiallire e cadere.

- **Condizioni favorevoli:** Alta umidità e temperature moderate.

- **Prevenzione:** Evitare di bagnare le foglie durante l'irrigazione e rimuovere tempestivamente le foglie infette per evitare la diffusione.

### Rimedi Naturali

Per evitare l'uso di sostanze chimiche, esistono diversi rimedi naturali ed ecologici per prevenire e curare le malattie degli aster. Questi metodi sono rispettosi dell'ambiente e della salute delle piante, ed efficaci per controllare le malattie fungine e batteriche.

#### Infuso di Aglio

L'aglio ha proprietà antifungine e antibatteriche che lo rendono efficace contro molte malattie delle piante.

- **Preparazione:** Schiacciare qualche spicchio d'aglio e lasciarlo in infusione in acqua per 24 ore. Spruzzare l'infuso sulle piante infette una volta a settimana.

- **Effetto:** L'infuso di aglio aiuta a ridurre la proliferazione di funghi come l'oidio e le macchie fogliari.

#### Bicarbonato di Sodio

Il bicarbonato è noto per le sue proprietà antifungine e può essere utilizzato come trattamento preventivo e curativo per le malattie fungine.

- **Preparazione:** Mescolare un cucchiaino di bicarbonato in un litro d'acqua, aggiungendo qualche goccia di sapone liquido per facilitare l'adesione alla pianta.

- **Applicazione:** Spruzzare la soluzione sulle foglie infette una volta a settimana.

#### Olio di Neem

L'olio di neem è un rimedio naturale efficace contro molte malattie e parassiti. Oltre ad avere proprietà antifungine, è anche utile per scoraggiare i parassiti.

- **Applicazione:** Diluire poche gocce di olio di neem in acqua e spruzzare la miscela sulle piante ogni due settimane.

### Attacco di Parassiti

Oltre alle malattie fungine e batteriche, gli

aster possono essere attaccati da vari parassiti che si nutrono della linfa, delle foglie e dei fiori, compromettendo la salute e la bellezza della pianta. Tra i principali parassiti troviamo gli afidi, le cocciniglie e i tripidi.

#### Afidi

Gli afidi sono piccoli insetti verdi, gialli o neri che si nutrono della linfa delle piante, indebolendole.

- **Sintomi:** Presenza di piccoli insetti sulla pianta, foglie arricciate e appiccicose a causa della melata prodotta dagli afidi.

- **Rimedi naturali:** Si possono usare infusi di ortica o olio di neem per tenere sotto controllo la popolazione di afidi.

#### Cocciniglia

La cocciniglia è un parassita che si attacca ai fusti e alle foglie, formando piccole macchie bianche o marroni.

- **Sintomi:** Macchie bianche o marroni su fusti e foglie, crescita rallentata della pianta.

- **Rimedi naturali:** Rimuovere le cocciniglie manualmente o con un batuffolo di cotone imbevuto di alcol denaturato.

#### Tripidi

I tripidi sono piccoli insetti che attaccano i fiori e le foglie, causando decolorazione e deformazioni.

- **Sintomi:** Macchie argentate sulle foglie e deformazioni nei fiori.

- **Rimedi naturali:** Utilizzare trappole adesive blu per catturare i tripidi o spruzzare olio di neem per ridurne la presenza.

### Insetti Nocivi e Strategie di Difesa

Gli insetti nocivi possono causare seri danni agli aster, ma esistono strategie efficaci per difendere le piante senza ricorrere a pesticidi chimici.

1. **Rotazione delle colture:** Cambiare ogni anno la posizione degli aster riduce la possibilità che i parassiti si insedino nel terreno.

2. **Introduzione di insetti benefici:** Coccinelle e crisopidi sono predatori naturali di molti parassiti, come gli afidi. Attirare questi insetti nel giardino è una strategia di difesa ecologica.

3. **Pacciamatura e disinfestazione del suolo:** La pacciamatura aiuta a tenere lontani i parassiti, mantenendo anche l'umidità del suolo. Una disinfestazione del suolo con infusi di aglio e cipolla può ridurre

la presenza di parassiti sotterranei.

### Raccolta e Utilizzo delle Infiorescenze

Gli aster sono perfetti per creare composizioni floreali fresche e colorate. La raccolta dei fiori deve avvenire al momento giusto per garantire la massima durata e freschezza.

1. **Periodo di raccolta:** La raccolta dei fiori di aster dovrebbe avvenire nelle prime ore del mattino o alla sera, quando i fiori sono ben idratati.

2. **Metodo di raccolta:** Usare forbici ben affilate per tagliare i fusti a circa 10 cm dalla base.

3. **Conservazione:** Per mantenere la freschezza dei fiori, immergere subito i gambi in acqua fresca e cambiare l'acqua ogni giorno.

### Aster in Bouquet e Composizioni Floreali

Gli aster sono apprezzati per il loro fascino nelle composizioni floreali, grazie alla loro vasta gamma di colori e alla lunga durata.

1. **Composizioni miste:** Gli aster si abbinano bene a fiori come rose, crisantemi e girasoli per creare bouquet ricchi e colorati.

2. **Durata e freschezza:** Per prolungare la durata degli aster recisi, è possibile aggiungere all'acqua del vaso una goccia di candeggina, che agisce come conservante.

3. **Fiori secchi:** Gli aster sono anche adatti per composizioni di fiori secchi. Lasciare asciugare i fiori a testa in giù in un luogo fresco e ventilato permette di ottenere fiori

# Glossario

Il mondo degli aster è ricco di terminologie specifiche che si riferiscono alle caratteristiche, alle tecniche di coltivazione e alle varietà di questa pianta ornamentale. Questo glossario è stato creato per fornire una guida completa e dettagliata sui termini più comuni e sulle nozioni essenziali legate alla coltivazione, cura e gestione degli aster. Ogni termine è spiegato in dettaglio per aiutare giardinieri, appassionati e studiosi a comprendere e padroneggiare al meglio la coltivazione di questi meravigliosi fiori.

### A

**Asteraceae**

La famiglia botanica a cui appartengono gli aster. Conosciuta anche come "Compositae", è una delle più grandi famiglie di piante, comprendente più di 23.000 specie, inclusi margherite, crisantemi e girasoli. Le piante appartenenti a questa famiglia sono caratterizzate da infiorescenze composte da molti piccoli fiori raccolti in un unico capolino.

**Aster amellus**

Una delle specie di aster più comuni e popolari in giardino, conosciuta anche come "astro di Montecassino". Questa specie è caratterizzata da fiori blu o violetti e cresce principalmente nelle regioni temperate dell'Europa. È resistente e adatta a terreni ben drenati.

**Aster cordifolius**

Una varietà di aster originaria del Nord America, con fiori a forma di stella e foglie a forma di cuore, da cui deriva il nome. Viene coltivata per la sua adattabilità e la capacità di resistere a diversi tipi di suolo e climi.

**Aster novae-angliae**

Chiamato anche "Aster di New England", è una delle specie più robuste e resistenti di aster. I suoi fiori sono di solito viola o rosa e fioriscono tardivamente in autunno, rendendolo ideale per aggiungere colore al giardino anche nelle stagioni fredde.

### B

**Botrite**

Un tipo di fungo che colpisce molte piante, incluso l'aster, causando marciume dei fiori e delle foglie. Conosciuto anche come muffa grigia, la botrite si sviluppa in condizioni di elevata umidità e può essere prevenuta migliorando la ventilazione intorno alla pianta.

**Bouquet**

Un insieme di fiori recisi disposti in un arrangiamento decorativo. Gli aster sono comunemente usati nei bouquet per il loro aspetto vivace e la loro lunga durata come fiore reciso.

### C

**Capolino**

La struttura tipica dell'infiorescenza negli aster, costituita da una densa aggregazione di piccoli fiori chiamati flosculi. Il capolino può sembrare un singolo fiore, ma in realtà è formato da molti fiori più piccoli raggruppati in un'unica struttura.

**Concimazione**

L'azione di arricchire il terreno con nutrienti essenziali per favorire la crescita degli aster. La concimazione può avvenire con fertilizzanti organici o chimici e varia in base alla fase di crescita della pianta.

**Compost**

Un tipo di fertilizzante organico ottenuto dalla decomposizione di materiali vegetali e animali. È utile per migliorare la struttura del terreno e fornire nutrienti a rilascio lento agli aster.

**Composizione Floreale**

Un insieme artistico di fiori e piante, spesso realizzato per scopi decorativi. Gli aster sono apprezzati nelle composizioni floreali per la loro varietà di colori e la capacità di durare a lungo come fiore reciso.

**Cordifolius**

Termine latino che significa "con foglie a forma di cuore", utilizzato per descrivere la specie *Aster cordifolius*, che presenta foglie a forma di cuore.

### D

**Drenaggio**

La capacità del suolo di permettere all'acqua di defluire. Un buon drenaggio è fondamentale per la coltivazione degli aster, poiché l'eccesso d'acqua può causare marciume radicale e altre malattie.

**Diradamento**

Il processo di rimozione delle piante più deboli o sovrappopolate per migliorare la circolazione dell'aria e ridurre la competizione per nutrienti e luce tra gli aster.

### E

**Erysiphe cichoracearum**

Un fungo responsabile dell'oidio, una malattia comune che colpisce gli aster, provocando una patina bianca e polverosa sulle foglie. La malattia può ridurre l'efficienza della fotosintesi e indebolire la pianta.

**Esposizione**

Il grado di esposizione alla luce solare richiesto dagli aster. In generale, gli aster preferiscono un'esposizione in pieno sole, ma alcune varietà possono tollerare l'ombra parziale.

### F

**Fioritura**

Il periodo durante il quale gli aster producono fiori. La fioritura degli aster varia a seconda della specie e delle condizioni ambientali, ma generalmente avviene tra la fine dell'estate e l'autunno.

**Flosculi**

Piccoli fiori che compongono il capolino degli aster. Possono essere fiori ligulati, disposti all'esterno, o fiori tubulosi al centro del capolino.

### I

**Irrigazione**

L'azione di fornire acqua agli aster per mantenere il terreno umido. L'irrigazione deve essere attentamente gestita per evitare ristagni e marciume radicale.

**Infiorescenza**

L'insieme di fiori che si sviluppa su un unico stelo. Negli aster, l'infiorescenza è rappresentata dal capolino, che può contenere molti piccoli fiori.

### L

**Legno Vecchio**

Nei cespugli di aster, il "legno vecchio" rappresenta le parti più vecchie della pianta. Il legno vecchio dovrebbe essere periodicamente potato per stimolare la crescita di nuovi germogli.

**Ligulati**

Un tipo di flosculi presenti nei capolini degli aster. I fiori ligulati si trovano lungo il bordo del capolino e spesso hanno petali allungati e colorati.

### M

**Marciume Radicale**

Una malattia che colpisce le radici degli aster, spesso causata da funghi come *Pythium* e *Phytophthora*. Si manifesta con l'appassimento della pianta e radici molli e scure.

**Mulch (Pacciamatura)**

Uno strato di materiale organico o inorganico applicato sulla superficie del terreno per trattenere l'umidità e ridurre la crescita delle erbacce. La pacciamatura è utile per gli aster in quanto aiuta a mantenere il terreno umido e protegge le radici.

### N

**Nebulizzazione**

Un metodo di irrigazione che consiste nello spruzzare acqua in forma di nebbia. Può essere utilizzata per aumentare l'umidità intorno agli aster in climi secchi.

### O

**Oidio**

Una malattia fungina comune che colpisce le foglie degli aster, causando una patina biancastra sulla superficie delle foglie. L'oidio si diffonde facilmente in ambienti umidi e con scarsa ventilazione.

### P

**Perlite**

Un materiale naturale spesso aggiunto al terreno per migliorare il drenaggio. È particolarmente utile per coltivare gli aster, poiché aiuta a prevenire il marciume radicale.

**Potatura**

L'azione di rimuovere parti della pianta, come foglie e fiori appassiti, per favorire la crescita e migliorare la forma. La potatura degli aster stimola una fioritura più rigogliosa e mantiene la pianta sana.

### R


**Radici Fibrose**

Radici che formano un fitto sistema simile a una rete. Gli aster hanno radici fibrose, che li rendono adatti a suoli ben drenati ma che richiedono attenzione per evitare ristagni d'acqua.


**Ristagno Idrico**

Una condizione in cui l'acqua non riesce a drenare correttamente nel terreno, causando danni alle radici. Gli aster sono sensibili al ristagno idrico, motivo per cui è fondamentale che il terreno sia ben drenato.


### S


**Soleggiato**

Un'esposizione alla luce solare diretta per

molte ore al giorno. Gli aster preferiscono essere coltivati in pieno sole per ottenere una fioritura ottimale.

**Stolonifero**

Una pianta che si riproduce attraverso stoloni, o germogli che crescono orizzontalmente dal fusto principale. Alcuni aster sviluppano stoloni, permettendo alla pianta di espandersi e coprire una maggiore area del terreno.

### T

**Terriccio**

Un tipo di terreno specifico per la coltivazione in vaso

, composto da materiali organici e inorganici che forniscono nutrimento e un buon drenaggio. Il terriccio è essenziale per coltivare aster in contenitori.

**Trapianto**

Il processo di spostamento di una pianta da un luogo all'altro, come dal vivaio al giardino. Gli aster possono essere trapiantati, ma richiedono cure adeguate per evitare danni alle radici.

**Tripidi**

Piccoli insetti parassiti che si nutrono della linfa delle piante, causando decolorazione e deformazioni nei fiori. Possono essere gestiti attraverso l'uso di trappole adesive e rimedi naturali.

### V


**Vivaio**

Un luogo specializzato nella coltivazione e vendita di piante, dove è possibile acquistare giovani esemplari di aster per il trapianto in giardino.


**Virus delle Macchie Anulari**

Un virus che colpisce alcune piante della famiglia delle Asteraceae, causando macchie giallastre sulle foglie. Non esiste una cura per questo virus, e le piante infette devono essere rimosse per prevenire la diffusione.

### Z

**Zona di Rusticità**

Le zone di rusticità sono regioni climatiche utilizzate per indicare la capacità di sopravvivenza di una pianta a temperature invernali. Gli aster sono generalmente adatti alle zone di rusticità comprese tra 3 e 9, ma la tolleranza varia in base alla specie.

# Indice

# Glossario degli Aster pg.59